GEORGES LEMAÎTRE

La teoría del Big Bang
y el origen del universo

Por Pauline Landa

Traducido por Laura Soler Pinson

GEORGES LEMAÎTRE Y LA TEORÍA DEL BIG BANG 1

CONTEXTO 3

¿Un modelo único para el universo?
El universo no se hizo en siete días

BIOGRAFÍA 7

Predisposición para las ciencias
Una trayectoria intelectual y espiritual
Viajes instructivos
Un hombre, dos caminos de la verdad

LAS TEORÍAS DE GEORGES LEMAÎTRE 12

Los aportes de Einstein y de Friedmann
La teoría de la expansión del universo (1927)
La teoría del átomo primitivo (1931)
El resto de su obra
La cronología del Big Bang

REPERCUSIONES 24

La acogida en el mundo científico: entre continuidad y críticas
La acogida de las teorías de Lemaître en el mundo
¿Qué queda del Big Bang?

EN RESUMEN 28

PARA IR MÁS ALLÁ 30

GEORGES LEMAÎTRE Y LA TEORÍA DEL BIG BANG

- **¿Nacimiento?** El 17 de julio de 1894 en Charleroi (Bélgica).
- **¿Muerte?** El 20 de junio de 1966 en Lovaina (Bélgica).
- **¿Principales aportaciones?** Diversas teorías que permiten un indudable avance en las investigaciones sobre el universo y su origen, como las que hablan sobre el universo en expansión (1927) o la del átomo primitivo (1931).
- **¿Repercusión de sus investigaciones?** La teoría del Big Bang sigue vigente y ha permitido la apertura de un nuevo campo de investigación: la cosmología moderna.

Desde siempre, el hombre busca entender el mundo y, por extensión, el universo que lo rodea. A lo largo de los siglos, se han ido sucediendo diversas teorías según las costumbres de cada época que han dado lugar a maneras de concebir el universo que no siempre estaban de acuerdo con las autoridades religiosas y políticas. ¿Quién habría pensado en tiempos de Galileo (astrónomo y físico italiano, 1564-1642), condenado por la Iglesia romana por sus escritos en los que promueve el heliocentrismo, que sería un abad, el belga Georges Lemaître, el inventor de la teoría del Big Bang, todavía vigente en la actualidad?

La teoría llamada del átomo primitivo, ideada en 1931, afirma que el universo se creó hace trece mil setecientos millones de años. Georges Lemaître imagina que, en aquel entonces, el universo estaba comprimido en un único átomo —actualmente, esta parte de la teoría ha sido refutada— y un choque cósmico habría permitido que se desintegrara en una multitud de electrones, de fotones, etc. de los que habría surgido el universo tal y como lo concebimos hoy en día. Georges Lemaître es un auténtico precursor en la materia, sobre todo porque los científicos de la época están convencidos de que el universo siempre ha existido y, por lo tanto, no tiene sentido buscar un principio. Sin embargo, tras la publicación de sus investigaciones, todos tendrán que revisar sus posturas y aceptar esta nueva teoría, que marcará profundamente la cosmología y la física de los siglos XX y XXI.

CONTEXTO

¿UN MODELO ÚNICO PARA EL UNIVERSO?

No podemos hablar de Georges Lemaître sin mencionar previamente a uno de los científicos más importantes del siglo XX, Albert Einstein (1879-1955). Gracias sobre todo a su teoría de la relatividad general (1915), Lemaître perfeccionará su teoría del átomo primitivo. Antes del período de «todo es relativo», los científicos se han dedicado desde la Antigüedad a intentar comprender el mundo que los rodea proponiendo un modelo del universo que sea capaz de explicarlo.

Con Aristóteles (filósofo griego, 384-322 a. C.) y Ptolomeo (astrónomo griego, *c.* 100-*c.* 170), prevalece la convicción de un modelo geocéntrico, donde la Tierra se encuentra en el centro del universo, y así será hasta el siglo XVI. En esta época, aparecen sabios como Giordano Bruno (filósofo italiano, 1548-1600) y Galileo, que cuestionan el modelo y se decantan por el heliocentrismo. Esto provoca enfrentamientos con las autoridades religiosas: el primero será quemado vivo y el segundo, condenado por la Iglesia. A pesar de todo, las ideas se van fraguando un camino en la comunidad científica y alimentan los debates.

Retrato de Galileo Galilei pintado por Justus Sustermans en 1636.

Finalmente, cerca de tres siglos después, Albert Einstein libera a los investigadores de esta búsqueda de un modelo único puesto que, para él, cada modelo se basa en un sistema de referencia coherente y, por ende, no es necesario elegir solo uno, ya que no será más válido que otro. Según él, ningún modelo único podría englobar todo el universo por sí solo.

En 1927, Georges Lemaître, muy interesado por los trabajos sobre la relatividad, continúa los cálculos de Einstein en su artículo «Un universo homogéneo de masa constante y de radio creciente que da cuenta de la velocidad radial de las nebulosas extragalácticas», donde describe un universo en expansión cuya densidad de materia tiende en el pasado hacia el infinito negativo. Pero su teoría del universo en expansión no capta demasiado la atención del mundo científico y Albert Einstein llega a definirla como abominable. Habrá que esperar hasta 1929 para que el astrónomo estadounidense Edwin Hubble (1889-1953) y su ley epónima impongan esta idea de expansión a toda la comunidad científica.

EL UNIVERSO NO SE HIZO EN SIETE DÍAS

Hoy en día, nos damos cuenta de lo importante que es poner fecha al origen del universo, pero esto no era así en tiempos de Georges Lemaître. En efecto, a principios del siglo XX, todavía persiste la prohibición de evocar en cosmología nociones metafísicas que guarden relación con la religión, como el todo, el tiempo, el origen, etc. Los grandes cosmólogos de la época, entre los que se encuentra Albert Einstein, se niegan a pensar que podría existir un instante preciso en el que habría surgido el universo. Por lo tanto, es Lemaître el primero que menciona la idea del origen después de leer un artículo de Arthur Eddington (astrónomo y físico inglés, 1882-1944) sobre el fin del mundo.

Si partimos del postulado de que existe una energía constante distribuida en cuantos (las cantidades más pequeñas de energía) en el universo, y que este número de cuantos siempre va en aumento, podemos considerar, en caso de que mostremos interés por el pasado del universo, que encontraremos un número de cuantos cada vez más bajo hasta llegar a un único cuanto en el que estaría concentrado todo el universo. Así nace la teoría del átomo primitivo en 1931, que hoy en día llamamos la teoría del Big Bang.

¿Sabías que...?

Georges Lemaître no inventa la expresión «Big Bang» que, sin embargo, ha pasado a la posteridad. Esta expresión la inventa uno de sus detractores, el astrónomo inglés Fred Hoyle (1915-2001). Durante una entrevista radiofónica en la BBC en 1950, utiliza irónicamente «Big Bang», el equivalente de «gran bum» en español, para hablar de la teoría del átomo primitivo de Georges Lemaître. Esta expresión, más transparente para el público general, quedará unida a la teoría.

BIOGRAFÍA

Fotografía de Georges Lemaître, tomada en la Universidad Católica de Lovaina.

PREDISPOSICIÓN PARA LAS CIENCIAS

Georges, nacido en una familia de la burguesía católica el 17 de julio de 1894 en Charleroi, es el primer hijo de Joseph Lemaître, universitario y director de una cristalería y marmolería, y de Marguerite Lannoy, hija de un cervecero. Ningún elemento de su entorno familiar lo predestina a hacerse sacerdote ni a dedicarse a las ciencias matemáticas y físicas.

Georges estudia en una escuela cristiana de la ciudad junto a sus hermanos. En 1904, empieza humanidades grecolatinas en el instituto jesuita del Sagrado Corazón, donde se da cuenta de que se puede aunar fe y ciencia. Destaca rápidamente en Matemáticas, Física y Química. Cuando apenas tiene nueve años, planea repartir su vida a partes iguales entre Dios y la ciencia. En 1910, su familia se instala en Bruselas y Georges continúa su formación en el instituto Saint-Michel, donde se matricula en cursos preparatorios para llevar a cabo estudios avanzados. A petición de su padre, efectúa el examen de ingreso de la Escuela de Ingenieros y deja el sacerdocio para más tarde.

UNA TRAYECTORIA INTELECTUAL Y ESPIRITUAL

Desde los diecisiete años, empieza sus estudios de Ingeniería en la Universidad Católica de Lovaina. Pero el curso se ve interrumpido por la Primera Guerra Mundial (1914-1918). Poco después del inicio de las hostilidades, se enrola en la artillería como voluntario. Terminará el conflicto galardonado con la Cruz de Guerra por los combates en los que participa durante la batalla de Yser. Esta experiencia reforzará su necesidad de conciliar sus vocaciones religiosa y científica.

Al inicio del curso de 1919, vuelve a la universidad y deja de lado su formación de ingeniero para seguir una nueva orientación: las ciencias físicas y matemáticas. En 1920, obtiene su título de Matemáticas y su licenciatura en Filosofía Tomista (es decir, inspirada en el pensamiento de santo Tomás de Aquino). Ese mismo año, ingresa en el seminario de Malinas (Bélgica) y presenta su tesis matemática. Fascinado por la teoría de la relatividad de Einstein que, sin embargo, casi no se estudia en Bélgica, Georges Lemaître prepara al mismo tiempo una disertación sobre la relatividad y la gravidez para obtener una beca de viaje. Tres años más tarde, Georges es ordenado cura y recibe su beca del Gobierno belga para ir a estudiar al extranjero.

VIAJES INSTRUCTIVOS

El joven cura vuela a Cambridge, en Inglaterra, donde estudia Astronomía Estelar bajo la tutela del célebre astrofísico Arthur Stanley Eddington, a quien admira. A continuación, cruza el Atlántico y va al Harvard College Observatory para trabajar con Harlow Shapley (astrofísico estadounidense, 1885-1972) sobre las nebulosas (astros poco luminosos y estáticos). Para acabar, se dirige al Massachusetts Institute of Technology (MIT) para empezar una tesis sobre los campos gravitatorios en los fluidos en relatividad general.

Durante sus años de formación, Georges Lemaître tiene la suerte de estar inmerso en un ambiente intelectual muy activo y de conocer a las personas más destacadas de la física contemporánea. Cuando vuelve a Bélgica, en el verano de 1925, se convierte en profesor en la Facultad de Ciencias de la Universidad de Lovaina, pero seguirá desplazándose a Inglaterra y a Estados Unidos para participar en asambleas o para continuar su trayectoria académica. En 1927, el MIT acepta su tesis y lo convierte en doctor en Ciencias Físicas. Ese mismo año, la Universidad de Lovaina lo nombra profesor, cátedra que ocupará hasta 1964.

UN HOMBRE, DOS CAMINOS DE LA VERDAD

Durante toda su vida, Georges Lemaître se dedica a la religión católica y a la ciencia. Estos dos caminos de la verdad pueden parecer incompatibles, pero él cree que es posible llevar a cabo investigaciones sobre el principio del universo sin tener que cuestionar su fe católica. Por un lado, su teoría del átomo primitivo explica el principio de la expansión del universo, mientras que, por otro lado, la cosmología debe dejar un sitio a la religión para explicar la creación del mundo. Para Georges Lemaître, existen dos verdades que son independientes la una de la otra. Sin embargo, su doble formación científica y religiosa le valdrá la desconfianza y el rechazo de una parte de la comunidad científica. Aun así, nadie puede cuestionar la calidad de sus investigaciones y su búsqueda de la «doble concepción» de la verdad, donde religión y ciencia están separadas y aspiran a niveles distintos de comprensión: así, opone el inicio, que es una noción física, a la creación, que es un concepto filosófico.

Georges Lemaître, matemático extraordinario, siempre

siente la necesidad de enfrentar su teoría a la observación. Así, no se contenta con emitir hipótesis válidas, sino que comprueba los fundamentos a través de la experiencia. Este rasgo de su carácter lo distingue de otros científicos de su época, y esto le permite avanzar de manera significativa en sus investigaciones.

Georges Lemaître fallece a causa de una leucemia el 20 de junio de 1966 en Lovaina, no sin haberse enterado unos días antes de que una observación celeste de la radiación cosmológica confirmaba con certeza el carácter explosivo del nacimiento del universo, algo que ya mencionaba en su teoría del átomo primitivo treinta años antes.

LAS TEORÍAS DE GEORGES LEMAÎTRE

LOS APORTES DE EINSTEIN Y DE FRIEDMANN

Aunque Georges Lemaître es el padre incontestable de la teoría del Big Bang, otros dos científicos desempeñan un papel clave en el establecimiento de esta teoría que revoluciona la cosmología moderna. En efecto, las investigaciones de Lemaître se inscriben en un contexto científico muy definido.

Albert Einstein es el primero en abrir las puertas con la relatividad general (1915), que es una nueva teoría de la gravitación.

Retrato de Albert Einstein en 1947.

En su opinión, la gravitación entre los objetos da al universo su estructura. Albert Einstein también escribe las ecuaciones que gobiernan las propiedades físicogeométricas del universo, que considera estático (es decir, que el tamaño del universo no evoluciona con el paso del tiempo). Estas ecuaciones permiten determinar la manera en la que el espacio se modifica a lo largo del tiempo, en función de la cantidad de materia y energía que existe en él.

Por su parte, el físico y matemático ruso Alexander Friedmann (1888-1925) encuentra las soluciones a estas ecuaciones que describen la variación del espacio en el tiempo. Presenta la posibilidad de un principio del universo en la singularidad y, por extensión, de un final del universo. Friedmann también efectúa una estimación de la edad del universo, que fija en diez mil millones de años, y eso a pesar de que, en la década de los veinte, las estimaciones de los científicos no sobrepasan los mil millones.

Retrato de Alexander Friedmann.

Lemaître, imbuido por las teorías de Einstein en su viaje de estudios a Cambridge, empieza a interesarse a su vez por las ecuaciones que propone el físico alemán y añade su contribución a la nueva cosmología que se instaura y que podemos llamar cosmología relativista.

¿SABÍAS QUE...?

Georges Lemaître no es el único que menciona la idea de la expansión del universo. Alexandre Friedmann publica dos trabajos en 1922 y en 1924 en los que expone la hipótesis de esta expansión. Sin embargo, sus escritos no se difunden lo suficiente. No será hasta 1927 que Lemaître tendrá acceso a sus artículos, en el mismo momento en el que él publica el suyo sobre la expansión del universo. Por lo tanto, puede decirse que ambos científicos llegan a esta conclusión por caminos independientes.

LA TEORÍA DE LA EXPANSIÓN DEL UNIVERSO (1927)

Por un camino independiente al de Friedmann, el investigador belga consigue resolver las ecuaciones propuestas por Einstein y encuentra soluciones cosmológicas no estáticas. Atribuye a la constante cosmológica presente en la ecuación de Einstein una fuerza cósmica repulsiva que obliga a las partículas del universo a separarse con el paso del tiempo. Tendrá la valentía de emplear observaciones estadounidenses de la época sobre la velocidad de las nebulosas que le servirán como prueba de que realmente existe una expansión del universo.

Así, en 1927, Georges Lemaître publica su artículo fundamental «Un universo homogéneo de masa constante y de radio creciente que da cuenta de la velocidad radial de las nebulosas extragalácticas». Este título, poco transparente para los no iniciados, indica que vincula la expansión del universo a las observaciones sobre la velocidad de las nebulosas. En este trabajo, Lemaître evoca un universo en expansión que se acerca a la solución estática de Einstein cuando nos remontamos lo suficientemente lejos en el tiempo. Dado que esta teoría está basada en observaciones, se presenta como la solución a las ecuaciones de Einstein. No obstante, el artículo de Lemaître no cosecha todo el éxito que debería y ni siquiera el propio Einstein parece convencido de su teoría. Habrá que esperar hasta 1930 para que Eddington entienda el alcance del trabajo de su antiguo alumno. De hecho, gracias a él, se abre paso la idea de un universo en expansión.

LA TEORÍA DEL ÁTOMO PRIMITIVO (1931)

Como prolongación a esta teoría de expansión del universo, Georges Lemaître destaca la idea de que, en sus inicios, el universo debía de ser mucho más denso. El universo no hace más que expandirse con el paso del tiempo, lo que significa que, si nos remontamos lo suficientemente lejos en el pasado, este estaría cada vez menos extendido, lo que le lleva a reflexionar acerca de su origen. Él considera que la expansión del universo se habría iniciado a partir de un estado inicial singular, el del átomo primitivo. Desarrolla esta idea en su artículo «La expansión del espacio», publicado en la revista *Revue des questions scientifiques* en 1931. Para escribirlo, vuelve a basarse en observaciones.

Lemaître considera que la propia existencia de nebulosas significa que el universo ha vivido procesos de contracción previamente. Así, dos fuerzas cósmicas opuestas están en la raíz del nacimiento del mundo: la gravitación, que atrae, y la constante de cosmología, que repele. La evolución del universo se habría desarrollado en tres fases:

- la primera consiste en una expansión rápida, de tipo explosivo, tras la desintegración del átomo primitivo;
- la segunda es un período de ralentización en el que la densidad de materia y la constante cosmológica se equilibran. Durante esta fase, se forman las grandes estructuras del universo, como las estrellas, las galaxias y los cúmulos;
- estas formaciones alteran las condiciones de equilibrio y ocasionan la última fase, que es una segunda expansión rápida.

Esta teoría del átomo primitivo no convence ni a Einstein, ni a Eddington: ellos creen que es impensable hablar del principio del universo, ya que este es estático. Georges Lemaître tendrá que persuadir a sus mentores. Ayudándose de la recién surgida mecánica cuántica, el cura belga pretende explicar el origen del mundo desde el punto de vista de la teoría cuántica. Insiste en los dos principios de la termodinámica (rama de la física cuyo objeto de estudio está relacionado con los sistemas donde intervienen variaciones de la cantidad de calor a lo largo del tiempo):

- la energía existe en cuantos distintos, pero su cantidad total de energía resulta constante;
- la cifra de cuantos aumenta constantemente.

Por lo tanto, si nos remontamos en el tiempo, nos encontramos un menor número de cuantos que aun así siguen conteniendo toda la energía del universo, hasta llegar a un cuanto con una energía extremadamente concentrada, el átomo primitivo. La idea innovadora de Lemaître es haber vinculado el mundo de lo infinitamente grande (el universo) con el de lo infinitamente pequeño (el átomo).

La idea de Lemaître, cuyo objetivo es explicar que la expansión del universo se debe a una explosión inicial, sigue vigente. Sin embargo, en la actualidad se pone en entredicho su teoría en la que expone que, al principio, todo el universo estaba contenido en un único átomo. Actualmente, los físicos se inclinan más por una especie de nube de partículas elementales (los cuarks y los leptones) que, poco a poco, se condensaron, lo que liberó la energía y dio al universo su impulso inicial. Reconocen que existe una radiación fósil, que es una huella de la explosión original, pero no proviene de una estela de partículas propulsadas por la desintegración del átomo primitivo —como pensaba Lemaître—, sino de una radiación electromagnética.

EL RESTO DE SU OBRA

Tras haber publicado las dos teorías que conformarán lo que comúnmente se llamará la teoría del Big Bang, Georges

Lemaître continúa sus investigaciones cosmológicas. De hecho, el mundo científico ha confirmado *a posteriori* varias de sus intuiciones, relacionadas tanto con los agujeros negros y la energía del vacío como con la hipótesis de un universo con dimensiones adicionales.

Tras la Segunda Guerra Mundial (1939-1945), Georges Lemaître se va retirando progresivamente del mundo de la investigación internacional limitando sus desplazamientos. También abandona la investigación de la cosmología por otro ámbito por el que siente un interés especial y donde demostrará un verdadero talento: el cálculo numérico con máquina.

A pesar de la importancia de sus otros trabajos, se lo conoce sobre todo por situarse en el origen de esta cosmología relativista que se caracteriza por tres grandes principios:

- el universo está en expansión;
- el universo tiene un origen;
- la física cuántica (ciencia de lo infinitamente pequeño) y la astronomía (ciencia de lo infinitamente grande) están vinculadas en la comprensión del universo.

¿SABÍAS QUE...?

Aunque su aporte a la cosmología relativista ya no puede rebatirse hoy en día, las investigaciones de Georges Lemaître se han mantenido en la sombra durante muchos años. De hecho, los diccionarios biográficos de los científicos omiten en su mayoría el nombre del cura o minimizan los aportes de sus trabajos. Probablemente, su formación básica matemática y su compromiso religioso han jugado en su contra.

LA CRONOLOGÍA DEL BIG BANG

Desde que Lemaître escribió sus artículos, son muchos los científicos que han revisado y corregido su concepción de la teoría del Big Bang. A continuación, te presentamos el estado actual de los conocimientos sobre el origen del universo.

El universo se origina hace trece mil setecientos millones de años, en una atmósfera muy caliente, es decir, 1032 kélvines (más o menos, 758 °C). En ese momento, el universo solo está compuesto por fotones, por partículas elementales y por sus antipartículas. Se produce un primer choque cósmico —el famoso Big Bang— en el que las partículas y las antipartículas se aniquilan y dejan un pequeño excedente de materia del que surgirá el universo. Durante los tres primeros minutos, se formarán los protones y los neutrones gracias a la presencia de cuarks (partícula elemental de materia). Habrá que esperar más de trescientos ochenta mil años para que el universo se enfríe. Entonces, se liberará la luz de la materia mediante un proceso que los científicos llaman la radiación cosmológica. Como consecuencia del colapso gravitatorio de las nubes de polvo, se formarán las galaxias y, para acabar, surgirán las estrellas, que se rodearán de planetas.

Tras Georges Lemaître, otros físicos han descubierto ecuaciones que permiten describir el universo hasta 10^{-43} segundos después del principio del universo. Este período que separa el tiempo hipotético cero de los 10^{-43} segundos se llama época de Planck, en homenaje a Max Planck (físico alemán, 1858-1947) y no puede explicarse con las teorías actuales, puesto que las nociones de espacio y de tiempo todavía no están definidas. No sabemos nada sobre este instante.

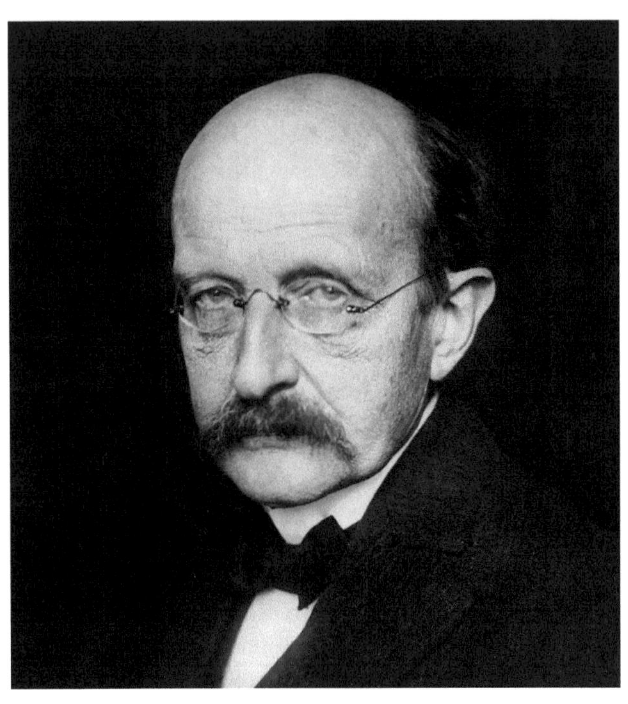

Fotografía de Max Planck tomada en 1933.

REPERCUSIONES

LA ACOGIDA EN EL MUNDO CIENTÍFICO: ENTRE CONTINUIDAD Y CRÍTICAS

La teoría del Big Bang aparece en un momento en el que existe una crisis cosmológica en la comunidad científica por la representación del espacio. Los aportes de Georges Lemaître, ayudado por los científicos relativistas, van a generar una auténtica revolución científica —que, sin embargo, cosechará algunas críticas—, puesto que se trata de una concepción completamente nueva.

Incluso Einstein y Eddington, los mentores de Lemaître, se muestran dubitativos con respecto a la teoría de la expansión. Pasarán diez años hasta que Einstein acepte la idea de un universo en evolución, pero jamás aceptará la teoría del átomo primitivo, puesto que considera que el cura belga se inspira de la Creación bíblica, algo inaceptable para una teoría científica. En los años cuarenta, incluso se llega a desacreditar la teoría porque todavía no ha sido confirmada por ninguna observación. Ante la falta de pruebas, dos nuevas teorías le hacen la competencia: el resurgimiento de la cosmología newtoniana y la teoría del estado estacionario.

Habrá que esperar treinta años para que la mayoría de la comunidad científica reconozca los aportes de Georges Lemaître a la cosmología moderna. Gracias, sobre todo, a George Gamow (físico estadounidense, 1904-1968), se va a difundir la teoría del Big Bang. Este autor prolífico muestra un interés por la astronomía y, en concreto, por la evolución de las estrellas. En un texto escrito en 1948, desarrolla el modelo de universo radiativo caliente. Gamow, que es afín a las ideas de Lemaître en lo que respecta a un inicio del universo muy denso, añade que este también es muy caliente. La noción de temperatura permite establecer un vínculo esencial entre la cosmología y la física de las partículas de alta energía. Afirma que todos los elementos del universo se generaron durante las primeras fases muy calientes de su expansión. Ayudado por sus colaboradores, Gamow calcula que en una época tardía en la que la temperatura había bajado, el universo se volvió transparente y emitió una luz que aún hoy en día sería visible: esa luz sería la radiación cosmológica.

A partir de ahí, y gracias sobre todo al perfeccionamiento de las herramientas astrofísicas, las generaciones posteriores de científicos han encontrado datos que verifican los modelos de Lemaître y de Friedmann. Desde febrero de 2003, el satélite Wilkinson Microwave Anisotropy Probe ha permitido calcular con una precisión muy elevada la edad del universo y su contenido de energía. Por lo tanto, teniendo en cuenta el estado actual de los conocimientos, ya no se puede cuestionar el modelo de Georges Lemaître.

Representación del satélite Wilkinson Microwave Anisotropy Probe.

LA ACOGIDA DE LAS TEORÍAS DE LEMAÎTRE EN EL MUNDO

La década de los treinta es sinónimo de crisis tras la Gran Depresión (1929), lo que llevará a los medios de comunicación estadounidenses a mostrar interés por los descubrimientos en cosmología, ya que consideran que es una manera de entretener a un público desmoralizado. Así, a partir de 1932, Georges Lemaître alcanza la fama cuando la prensa lo enfrenta a Albert Einstein. Sin embargo, el público en general lo olvidará rápido y los logros de Georges Lemaître se atribuirán erróneamente a otros científicos. Debemos decir que el cura no buscaba la notoriedad y era famoso por su humildad en la esfera pública.

¿QUÉ QUEDA DEL BIG BANG?

La teoría del Big Bang tal y como la formula Georges Lemaître sigue estando vigente. Se encuentra en la raíz misma de nuestra cosmología moderna, de nuestra manera de ver y de comprender el universo. Gracias a él, ahora es posible aunar la investigación científica y el pensamiento religioso. Así, el principio del mundo puede convertirse en un objeto científico, independiente de toda convicción religiosa.

Aunque, en la actualidad, el nombre de la teoría ha suplantado al de su inventor, Georges Lemaître sigue siendo conocido en el ámbito científico. De hecho, un asteroide (1565) lleva su nombre desde que fue descubierto en 1948 por un astrofísico belga, y la Universidad Católica de Lovaina le ha rendido homenaje dando su nombre a un auditorio y a su Instituto de Astronomía y Geofísica. Más recientemente, la Agencia Espacial Europea ha hecho lo propio con su último vehículo automático de transporte aéreo, enviado al espacio el 30 de julio de 2014.

The Big Bang Theory, la famosa serie estadounidense que data de 2007, narra la vida de cuatro investigadores en ciencias físicas. Se desarrolla en Estados Unidos, en Pasadena, la misma ciudad en la que Georges Lemaître coincidió en varias ocasiones con Albert Einstein en el California Institute of Technology.

EN RESUMEN

- Albert Einstein, Alexandre Friedmann y Georges Lemaître se encuentran en el origen de una auténtica revolución científica al instaurar una nueva manera de concebir el universo.
- Georges Lemaître está en la raíz de las tres ideas de la cosmología nueva o relativista: el universo tiene un origen, está en continua expansión y la física cuántica (ciencia de lo infinitamente pequeño) y la astronomía (ciencia de lo infinitamente grande) están vinculadas en la comprensión del universo.
- La teoría de la expansión del universo y la del átomo primitivo se conocen hoy en día con el nombre de teoría del Big Bang.
- El inicio del universo se efectuó en tres fases: un choque cósmico explosivo que permitió una rápida expansión, seguido de un largo período de enfriamiento en el que el universo sigue extendiéndose y de una segunda expansión rápida.
- A pesar de las críticas, las teorías de Lemaître se confirman gracias al descubrimiento de la radiación cosmológica en 1965, que ya había predicho Gamow.

¡Tu opinión nos interesa!
¡Deja un comentario en la página web de tu librería en línea,
y comparte tus favoritos en las redes sociales!

PARA IR MÁS ALLÁ

FUENTES BIBLIOGRÁFICAS

- Engel, Vincent. 2013. *Le prêtre et le Big Bang*. París: JC Lattès.
- Lambert, Dominique. 2000. *Un atome d'Univers. La vie et l'œuvre de Georges Lemaître*. Bruselas: Racines/Lessius.
- Luminet, Jean-Pierre. 2004. *L'invention du Big Bang*. París: Seuil.
- Robredo, Jean-François. 2011. *Les métamorphoses du ciel. De Giordano Bruno à l'Abbé Lemaître*. París: PUF.
- Universidad Católica de Lovaina, "Georges Lemaître". Consultado el 29 de enero de 2017. https://www.uclouvain.be/316446.html

FUENTES COMPLEMENTARIAS

- Koyré, Alexandre. 1988. *Du monde clos à l'Univers infini*. París: Gallimard.
- Lemaître, Georges. 1927. "Un univers homogène de masse constante et de rayon croissant, rendant compte de la vitesse radiale des nébuleuses extra-galactiques". *Annales de la Société scientifique de Bruxelles*, tomo 47, 49-59.

FUENTES ICONOGRÁFICAS

- Retrato de Galileo Galilei pintado por Justus Sustermans en 1636. La imagen reproducida está libre de derechos.
- Fotografía de Georges Lemaître, tomada en la

Universidad Católica de Lovaina. La imagen reproducida
está libre de derechos.

- Retrato de Albert Einstein en 1947. La imagen reproducida está libre de derechos.
- Retrato de Alexander Friedmann. La imagen reproducida está libre de derechos.
- Fotografía de Max Planck tomada en 1933. La imagen reproducida está libre de derechos.
- Representación del satélite Wilkinson Microwave Anisotropy Probe. La imagen reproducida está libre de derechos.

en50MINUTOS.es
Historia
Economía y empresa
Coaching